TOY CONCEPT

Title: Toyland Express
Type: Wooden Train Set
Track Style: Interlocking
Cars: 6 Accessories: 39

토이랜드 특급열차

너도 보이니? 8

월터 윅 지음 | 박소연 옮김

달리

너도 보이니? ❽
토이랜드 특급열차
월터 윅 지음 | 박소연 옮김

1판 1쇄 펴냄 2012년 5월 1일
1판 18쇄 펴냄 2023년 11월 23일

책임편집 박소연 | **디자인** 심홍섭

펴낸이 박소연 | **펴낸곳** (주)도서출판 달리 | **등록** 2002. 6. 4.(제10-2398호)
04008 서울시 마포구 희우정로 16길, 17-5 | **전화** 02) 333-3702 | **팩스** 02) 333-3703
ISBN 978-89-5998-082-6 14400
      978-89-90364-57-9 (세트)

차 례

너도 보이니?

종 두 개, 새집 하나,
연필 한 자루, 양동이 하나,
실 한 타래,
고무줄 하나,
야구 방망이 한 자루,
기다란 원숭이 꼬리 하나,
나뭇잎 한 장, 나무 두 그루,
빗자루 하나, 붓 한 자루,
용수철 인형 하나, 열쇠 세 개,
집 뒤에 숨어 있는 본드통 하나,
그리고
손으로 만든
나무 기차 한 대까지!

Bar Shoes   Calked   Each   1.50
"   Plain   "   1.25
Leathers   per pair   .75
Pads   "   3.00
Adjustable Calks ⅜ and ⅝ per box   2.50
"   ⅞ and ⅞ "   "   2.25
NO ALLOWANCE MADE FOR STOCK
BROUGHT TO SHOP

너도 보이니?

숫자 10,
코끼리 네 마리,
악기를 연주하는 사람 두 명,
벌 한 마리, 토끼 한 마리,
흔들 목마 한 대,
물방울무늬 모자 하나,
개구리 한 마리, 깃발 하나,
왕 한 명, 고양이 한 마리,
소방차 한 대,
낚싯대 하나!

음, 이제 한번 슬슬 달려 볼까?

너도 보이니?

바이올린을 켜는 돼지 한 마리,
저글링을 하는 광대 한 명,
발레리나의 왕관 하나,
태엽 하나, 연 하나,
개 한 마리, 개구리 한 마리,
고양이 두 마리, 코끼리 세 마리,
새 네 마리, 기사 한 명,
열기구 두 대!

토이랜드 특급열차는
빙글빙글 기찻길을
돌고 도는데…….

TOYLAND EXPRESS
Deluxe Train Set
TOYLAND EXPRESS

TOYLAND EXPRESS
Realistic 6 Car Train Set
Durable 39 Piece Village
Unique Interlocking Track System
STORE

DEPOT

TOYLAND EXPRESS

TOYLAND EXPRESS
RAILROAD CROSSING
STORE
TOWN HALL

너도 보이니?

체리를 얹은
선데 아이스크림 하나,
포크 두 개, 숟가락 하나,
분홍 막대 사탕 하나,
토끼 한 마리, 수탉 한 마리,
작고 파란 고래 한 마리,
돼지 한 마리, 오리 세 마리,
비행기 세 대, 양동이 하나,
먹다 남은 컵케이크 하나,
줄무늬 열기구 하나,
그리고
악보와 함께
'Happy Birthday'라고 적힌
장식판 하나까지!

너도 보이니?

얼룩무늬 말 한 마리,
굴렁쇠 하나,
생일 케이크에 꽂는 양초 하나,
아이스크림콘 한 개,
바퀴가 하나뿐인 수레 한 대,
고양이 한 마리, 거위 한 마리,
경주용 자동차 한 대,
기린 네 마리,
왕관 하나, 주사위 네 개,
망치 한 자루, 방패 하나!

어서어서 짐을 실으세요.
기차가 출발할 거예요!

PIXIE
BUILD
A TOY
KIT NO. 1
CONTAINS
85
PIECES
BOX
STORE
TOYLAND EXPRESS
TOWN HALL
SCHOOL
Bird.

너도 보이니?

썰매 한 대,
스키 타는 사람 세 명,
토끼 두 마리, 곰 다섯 마리,
터널 하나,
눈으로 덮인 계단 하나,
숟가락 하나, 곡괭이 한 자루,
잘린 나무 한 그루,
우유 한 병,
삽 한 자루, 열쇠 하나,
눈처럼 하얀 부엉이 한 마리,
은빛 동전 한 닢!

이제 담요를 챙기렴!
겨울이잖아.

너도 보이니?

공중그네 하나,
활짝 웃고 있는 얼굴 그림 하나,
낙타 세 마리, 얼룩말 두 마리,
기린 열한 마리,
야구 방망이 한 자루,
풍선 한 묶음,
망치 한 자루, 단검 한 자루,
소리를 맞추고 있는 밴드 단원들,
한 손에는 모자와
다른 손에는 지팡이를 쥐고 있는
다리가 긴 남자 한 명!

모두 서커스 기차에 올라 볼까요?

SUPER BIG TOP
FunHouse
ADMISSION 50¢
GRAND EXPRESS

너도 보이니?

우산 세 개,
황금빛 태양 하나,
포크 하나, 병 다섯 개,
핫도그 하나,
주사위 네 개, 생쥐 두 마리,
크레용 하나, 고양이 한 마리,
파란 요술봉 하나,
소방관 모자 하나,
천둥오리 한 마리, 토끼 한 마리,
우주선 한 대, 비행기 한 대,
용수철 하나, 시계 세 개,
그리고
토이랜드 특급열차!

너도 보이니?

쥐덫 하나, 말굽자석 하나,
깃털 하나, 열쇠 네 개,
테니스 라켓 하나,
텔레비전 두 대,
도토리 한 톨, 다람쥐 한 마리,
홍학 한 마리,
거미 한 마리, 원숭이 세 마리,
싱크대 하나,
작고 파란 트럭 한 대,
그리고
먼지를 뒤집어쓴
빨간 기차 한 칸!

RADIO ALARM
ROBOT
CROWN DOMINOES
PICTURE PUZZLE
BUILD A TOY
TOYLAND
TOYLAND
573 B
CHECKERS
ZIP 'ID
ZIPPEE

너도 보이니?

코끼리 열 마리,
소방차 두 대,
비행기 네 대,
고무 오리 세 마리,
축음기 한 대,
여왕이 그려진 카드 한 장,
골무 하나, 나무 실패 하나,
재봉틀 한 대,
바구니 하나, 토끼 네 마리,
분홍 원피스를 입은 아이 한 명,
그리고
토이랜드 특급열차에서
빠진 바퀴 세 개까지!

너도 보이니?

가위 한 자루, 크레용 다섯 개,
나무 실패 세 개,
연필 한 자루, 단추 네 개,
빨간 마차 한 대,
빨대 하나, 압정 하나,
클립 하나,
주황 고무줄 하나,
플라스틱 본드통 하나,
은색 깔때기 하나,
계량컵 하나!

자, 토이랜드 특급열차의
수리가 모두 끝났습니다!

STATION

STATION
Welcome to ToyLAND
SCHOOL BUS
SCHOOL BUS
STOP
STOP
TOYLAND EXPRESS
T
O
Y
L
A

너도 보이니?

아이스크림콘 다섯 개,
햄버거 하나,
황금빛 태양 하나,
볼링핀 열 개,
개 한 마리, 오리 다섯 마리,
호루라기 하나,
'STOP' 표시 세 개,
리무진 한 대, 트럭 네 대,
연필 한 자루, 페인트 붓 한 자루,
파란 압정 하나!

그리고
토이랜드 특급열차가
역 안으로 들어오고 있어요.

장난감 작업실

종 두 개, 새집 하나,
연필 한 자루, 양동이 하나,
실 한 타래,
고무줄 하나,
야구 방망이 한 자루,
기다란 원숭이 꼬리 하나,
나뭇잎 한 장, 나무 두 그루,
빗자루 하나, 붓 한 자루,
용수철 인형 하나, 열쇠 세 개,
집 뒤에 숨어 있는 본드통 하나,
그리고 손으로 만든
나무 기차 한 대까지!

신선한 페인트

숫자 10,
코끼리 네 마리,
악기를 연주하는 사람 두 명,
벌 한 마리, 토끼 한 마리,
흔들 목마 한 대,
물방울무늬 모자 하나,
개구리 한 마리, 깃발 하나,
왕 한 명, 고양이 한 마리,
소방차 한 대,
낚싯대 하나!

창문 밖에서 보는 장난감 가게

바이올린을 켜는 돼지 한 마리,
저글링을 하는 광대 한 명,
발레리나의 왕관 하나,
태엽 하나, 연 하나,
개 한 마리, 개구리 한 마리,
고양이 두 마리, 코끼리 세 마리,
새 네 마리, 기사 한 명,
열기구 두 대!

생일 축하합니다

체리를 얹은
선데 아이스크림 하나,
포크 두 개, 숟가락 하나,
분홍 막대 사탕 하나,
토끼 한 마리, 수탉 한 마리,
작고 파란 고래 한 마리,
돼지 한 마리, 오리 세 마리,
비행기 세 대, 양동이 하나,
먹다 남은 컵케이크 하나,
줄무늬 열기구 하나,
그리고 악보와 함께
'Happy Birthday'
라고 적힌 장식판 하나까지!

탑승 완료

얼룩무늬 말 한 마리,
굴렁쇠 하나,
생일 케이크에 꽂는 양초 하나,
아이스크림콘 한 개,
바퀴가 하나뿐인 수레 한 대,
고양이 한 마리, 거위 한 마리,
경주용 자동차 한 대,
기린 네 마리,
왕관 하나, 주사위 네 개,
망치 한 자루, 방패 하나!

산길 따라

썰매 한 대,
스키 타는 사람 세 명,
토끼 두 마리, 곰 다섯 마리,
터널 하나,
눈으로 덮인 계단 하나,
숟가락 하나, 곡괭이 한 자루,
잘린 나무 한 그루,
우유 한 병,
삽 한 자루, 열쇠 하나,
눈처럼 하얀 부엉이 한 마리,
은빛 동전 한 닢!

서커스장에서

공중그네 하나,
활짝 웃고 있는 얼굴 그림 하나,
낙타 세 마리, 얼룩말 두 마리,
기린 열한 마리,
야구 방망이 한 자루,
풍선 한 묶음,
망치 한 자루, 단검 한 자루,
소리를 맞추고 있는 밴드 단원들,
한 손에는 모자와
다른 손에는 지팡이를 쥐고 있는
다리가 긴 남자 한 명!

기차가 지나가요

우산 세 개,
황금빛 태양 하나,
포크 하나, 병 다섯 개,
핫도그 하나,
주사위 네 개, 생쥐 두 마리,
크레용 하나, 고양이 한 마리,
파란 요술봉 하나,
소방관 모자 하나,
천둥오리 한 마리, 토끼 한 마리,
우주선 한 대, 비행기 한 대,
용수철 하나, 시계 세 개,
그리고 토이랜드 특급열차!

기억 속에 잊힌 장난감들

쥐덫 하나, 말굽자석 하나,
깃털 하나, 열쇠 네 개,
테니스 라켓 하나,
텔레비전 두 대,
도토리 한 톨, 다람쥐 한 마리,
홍학 한 마리,
거미 한 마리, 원숭이 세 마리,
싱크대 하나,
작고 파란 트럭 한 대,
그리고 먼지를 뒤집어쓴
빨간 기차 한 칸!

길거리 벼룩시장

코끼리 열 마리,
소방차 두 대,
비행기 네 대,
고무 오리 세 마리,
축음기 한 대,
여왕이 그려진 카드 한 장,
골무 하나, 나무 실패 하나,
재봉틀 한 대,
바구니 하나, 토끼 네 마리,
분홍 원피스를 입은 아이 한 명,
그리고 토이랜드 특급열차에서
빠진 바퀴 세 개까지!

수리할 시간

가위 한 자루, 크레용 다섯 개,
나무 실패 세 개,
연필 한 자루, 단추 네 개,
빨간 마차 한 대,
빨대 하나, 압정 하나,
클립 하나,
주황 고무줄 하나,
플라스틱 본드통 하나,
은색 깔때기 하나,
계량컵 하나!

장난감 나라

아이스크림콘 다섯 개,
햄버거 하나,
황금빛 태양 하나,
볼링핀 열 개,
개 한 마리, 오리 다섯 마리,
호루라기 하나,
'STOP' 표시 세 개,
리무진 한 대, 트럭 네 대,
연필 한 자루, 페인트 붓 한 자루,
파란 압정 하나!

우리 집에는 사내아이가 넷이었습니다. 그중 막내인 나는 행복한 마음으로 형들의 장난감을 물려받았지요. 그런데 만약 내 여동생이 누나였다면, 그래서 형들의 장난감을 나보다 먼저 물려받았다면, 그 가운데 상태가 좋은 것들은 다른 주인을 만나 내가 모르는 곳에서 다르게 살았을 것이 분명합니다. 어른이 된 뒤로는 길거리 벼룩시장이나 골동품 가게를 돌아다니며 소품으로 쓸 장난감들을 찾았는데, 그곳에서 주로 낡을 대로 낡고 빛바랜 장난감들을 만났습니다. 그 사랑을 준 이가 누구인지 알 수는 없지만, 나의 부인 린다만큼이나 '사랑' 받았던 장난감들이었겠지요.

머리가 좋아지는 숨은그림찾기 <너도 보이니?> 시리즈의 8번째 작품인 《너도 보이니? ❽ : 토이랜드 특급열차》는 장난감 기차의 일생을 보여 줍니다. 기차가 만들어진 순간부터 어느 집 다락방에 살다가, 길거리 벼룩시장에서 누군가의 눈에 띄어 마침내 새로운 삶을 얻은 장난감 기차의 일생을 말이지요.

250개가 넘는 숨겨진 물건들을 찾으며 장난감 기차가 얼마나 다양한 모습으로 변신할 수 있는지, 계절이나 유행 또는 새 주인에 따라 얼마나 달라질 수 있는지 한번 눈여겨보기 바랍니다. 마치 큰형에서 작은형, 작은형에서 내 손으로 장난감의 주인이 바뀐 것처럼, 또 벼룩시장에서 처음 보는 사람 손에 들어가 다시 태어난 것처럼, 원래 자신의 모습을 그대로 간직하면서도 한편으로는 완전히 새롭게 태어나는 기차를 말입니다.

감사의 말

이 책에 나온 수많은 소품들은 벼룩시장, 장난감 가게, 온라인 쇼핑몰 등에서 샀습니다. 하지만 토이랜드 특급열차는 내가 디자인을 하고 우리 제작진들이 아주 공들여 만들었습니다.

이 프로젝트의 소품 담당인 예술가 랜디 질먼에게 감사의 말을 전합니다. 그는 기차에 생명을 불어넣었을 뿐만 아니라 〈서커스장에서〉에 나오는 서커스 텐트와 서커스장 주변의 작은 소공연장 세트, 〈기차가 지나가요〉에 등장하는 인형의 집, 〈기억 속에 잊힌 장난감들〉의 다락방을 비롯하여 여러 소품들을 만들어 주었습니다. 세트와 모델 제작에 귀중한 도움을 준 프리랜서 작업가 앤드류 메일하트, 더 완벽한 모형을 만들기 위해 힘 써 준 브래들리 우만, 토이랜드 특급열차가 근사한 페인트 공장 같으면서도 동시에 허름해 보이도록 혼신의 힘을 다한 마이클 로켄스가드 모두 고맙습니다. 특히 로켄스가드는 〈서커스장에서〉에 등장하는 재미난 집과 토이랜드 특급열차에 나오는 상자 윗부분, 안쪽, 끝부분을 마무리하기도 했지요.

나의 부인 린다 체벌튼 윅도 빠질 수 없습니다. 이 프로젝트의 매니저인 그녀는 작업 기간 내내 우리를 지원하고, 뛰어난 예술적 감각으로 토이랜드 특급열차가 풍성하게 이야기를 풀어낼 수 있게 자잘한 이야깃거리를 제공할 장난감을 찾는 데 도움을 주었습니다. 에밀리 카파의 인터넷 검색 실력, 스케줄 관리 능력, 날카로운 눈썰미에도 신세를 졌습니다. 댄 헬트는 컴퓨터와 카메라 기술을 제공했을 뿐만 아니라 프리랜서 작업자들의 스케줄도 관리해 주었지요. 이 책은 그의 첫 아이인 에땅에게 바칩니다.

월터 윅

＊이 책의 모든 세트는 월터 윅이 디자인하고, 배치하고, 촬영하여 컴퓨터 프로그램으로 수정했습니다. 부분적으로 사용된 랜디 질먼의 그림 역시 월터 윅이 촬영하였습니다.

월터 윅은 전 세계적으로 3천만 부 가까이 판매된 〈나는 찾아요〉 시리즈의 작가입니다. 그가 직접 글을 쓰고 사진을 찍은 《물 한 방울》은 '보스턴 글로브 혼 북' 상을 받았으며, 미국 도서관 협회의 '주목할 만한 책', '오르비스 픽톡스 명예 도서', 캐나다 방송 협회의 '우수 어린이 과학도서'로 선정되었습니다. 또 다른 책 《눈속임》 역시 미국 도서관 협회의 '주목할 만한 어린이 책', 〈뉴욕타임스〉 북리뷰의 '우수 어린이 그림책'으로 선정되었으며, 〈오펜하임 장난감 작품 선집〉의 '플래티늄 상', 〈사이언티픽 아메리칸〉의 '어린이 독자상', 미국 학부모들이 고른 '좋은 책' 상 등 여러 상을 받았습니다. 파이어 미술대학을 졸업한 월터 윅은 현재 미국 코네티컷주에서 부인 린다와 함께 살고 있습니다.

* 월터 윅에 관련된 더 많은 정보는 www.walterwick.com에서 보실 수 있습니다.

박소연은 미국 스미스 대학교에서 경제학을 공부하고, 서울 대학교에서 경영학 석사 과정인 MBA를 졸업하였습니다. 지금은 어린이책을 기획하고 번역하고 있습니다. 옮긴 책으로는 《핑!》, 《용기 있는 아이 메이플》, 《우리 다시 만나요》, 《떠나고 싶은 날에는》, 《많아요》, 《엄마가 항상 곁에 있을게》, 《내가 사랑하는 나무의 계절》, 〈리틀 피플 빅 드림즈〉 시리즈 등이 있습니다.

TOYLAND EXPRESS

TOWN HALL
SCHOOL
TOYLAND EXPRESS